動物溝通大法

超過50種奇妙的動物溝通方式

米高・利奇、梅莉爾・蘭德 著

雅思亞・奧蘭多 繪

新雅文化事業有限公司
www.sunya.com.hk

新雅·知識館

動物溝通大法：
超過50種奇妙的動物溝通方式

作者：米高·利奇（Dr. Michael Leach）、
梅莉爾·蘭德（Dr. Meriel Lland）
繪圖：雅思亞·奧蘭多（Asia Orlando）
翻譯：吳定禧
責任編輯：黃稔茵
美術設計：徐嘉裕
出版：新雅文化事業有限公司
香港英皇道499號北角工業大廈18樓
電話：（852）2138 7998
傳真：（852）2597 4003
網址：http://www.sunya.com.hk
電郵：marketing@sunya.com.hk
發行：香港聯合書刊物流有限公司
香港荃灣德士古道220-248號荃灣工業中心16樓
電話：（852）2150 2100
傳真：（852）2407 3062
電郵：info@suplogistics.com.hk
版次：二〇二四年六月初版

ISBN: 978-962-08-8374-3
Original Title: *Animal Talk:*
All the Incredible Ways that Animals Communicate
Illustrations © Asia Orlando 2022
Copyright in the layouts and design of the Work
© Dorling Kindersley Limited
A Penguin Random House Company

Traditional Chinese Edition © 2024 Sun Ya Publications (HK) Ltd.
18/F, North Point Industrial Building, 499 King's Road, Hong Kong
Published in Hong Kong SAR, China
Printed in China

For the curious
www.dk.com

混合產品
紙張｜支持
負責任的林業
FSC® C018179
www.fsc.org

這本書是用Forest Stewardship Council®（森林管理委員會）
認證的紙張製作的——這是 DK 對可持續未來的承諾的一小步。
更多資訊：www.dk.com/our-green-pledge

目錄

什麼是溝通？

　　無論是動物還是人類，「說話」僅僅是溝通的一部分。雖然現今有近7,000種語言，但人與人之間的溝通僅有約7%是由言語表達的。

　　除了言語之外，肢體語言（例如揮手和微笑）、氣味和行為等佔了剩下的93%。

　　一些非人類動物，如鳥類、昆蟲和哺乳動物，甚至有更多方法與牠們的家人、朋友、競爭對手和敵人溝通。動物之間的「說話」遠遠不只限於言語。

　　研究動物溝通（即動物傳遞及分享重要訊息的方式）充滿着不可思議的驚奇發現。你知道大象用腳來聽聲音嗎？你又知道企鵝可以在成千上萬的小企鵝叫聲中辨認出自己的幼鳥嗎？世界上還有些金甲蟲在受驚時會變成紅色，更有些鱷魚會利用小鳥當牙簽來保持口腔潔淨！讓我們一起探索最震驚、刺激、狡猾和奇異的動物溝通方式，了解牠們彼此之間以至與我們人類是如何溝通吧。

為什麼動物需要溝通？

溝通對於動物的生存至關重要，便利牠們好好生活！溝通有助動物尋找食物、吸引配偶、確定誰是首領、守護領地、團隊合作，以及照顧後代。牠們會使用各種技巧來溝通，當中涉及聽覺、視覺、觸覺、味覺和嗅覺。

團隊合作

虎鯨是強大的捕食者，擁有複雜而精準的獵食技巧。成年虎鯨透過呼叫、口哨聲、輕推和親身示範，教授幼鯨狩獵技巧。每個成員在團隊中都有自己的角色。

展現首領風範

銀背大猩猩會大聲咆哮和捶打胸膛，以確保每個成員都知道誰是族羣中的首領。

照顧後代

鱷魚寶寶出生前會在蛋裏發出「嗯」的叫聲，告訴媽媽和其他鱷魚寶寶：「你們準備好了嗎？我要出來了！」鱷魚媽媽隨後會在沙堆中挖出牠們，然後集體孵化。她甚至會叼住牠們，把牠們送到水邊！

守護領地

原駝會在領地的邊界留下一大堆糞便，明確展示自己是這片土地的真正主人！

尋找食物

你以為分享事物是人類獨有的行為？那就錯了。每當缺乏食物，藍喜鵲都會向朋友討食。牠們會發出飢餓的鳴叫聲，並像雛鳥一樣拍動翅膀，這個討食方法非常奏效！

吸引配偶

雄性孔雀非常懂得吸引配偶！牠們尖厲的叫聲和迷人的尾巴，讓雌性孔雀印象深刻。當雄性孔雀展開尾巴時，尾巴會沙沙作響，振動着空氣，引起異性的注意。

雌性孔雀

雄性孔雀

公雞

喔喔喔喔——

公雞是雄性雞。牠們能發出雄亮的聲音，叫醒整個雞羣。牠們還會用這種「喔喔」叫聲來宣示領地主權！除此之外，公雞經常在黃昏前啼鳴，把雞羣聚集到雞舍或樹木，以保安全。原來，公雞需要長達8個月時間學習啼鳴。

美妙的振動

在自然界中，聲音是首選的溝通方式，雞也不例外。咯咯叫、嘎嘎叫、吼叫、尖叫，都是雞常見的溝通言語。雞能發出30種意義不同的聲音，代表「早晨」、「救命」或「我很好」等含義。雞羣有嚴格的社會秩序，雄雞和母雞首領處於階級頂端，語言有助牠們與其他雞隻維持關係。

雞羣

巧妙的溝通

當公雞找到食物時，會發出「噠噠噠」的聲音，吸引母雞前來分享食物。當母雞為幼雞找到食物時，也會發出類似聲音。成年雞有着非常複雜的語言，能夠明確指出天空或陸地的捕食者。而雛雞必須學習像成年雞一樣發聲，就像人類嬰兒學說話一樣。

我們以分貝為單位來測量聲音。公雞的啼鳴和狗的吠叫一樣大聲，同約為90分貝。

黃胸鵐

説話口音

原來，鳥類說話也有「口音」！鳴禽會跟隨父母學習歌唱，因此專家可以由聲音來辨認遷徙的鳥類來自哪裏。19世紀60年代，一些雄性黃胸鵐從英國被帶到了紐西蘭，至今牠們仍然保留着「英國口音」。

白鐘傘鳥

最高的音量

白鐘傘鳥生活在亞馬遜雨林，是全球最大聲的鳥類，音量高達125分貝，差不多和搖滾音樂會的音量一樣大！

聲音的意義

許多動物會使用聲音向其他動物傳遞訊息，有些是友好的，有些則不懷好意。不管發出的是警報還是問候，傳達和接收這些訊息都至關重要。

獅子的吼叫聲可高達114分貝，在8公里的範圍內都能聽到。

測試麥克風！

當獅子想要測試敵方獅羣有多強大和團結時，牠會自信地靠近對方至適當距離，然後對着牠們兇猛地吼叫。這種展示力量的行為告訴旁觀的獅羣，這位挑戰者是認真的。如果獅羣顯示出一絲膽怯和退縮，牠可能會直接發起進攻。

吼猴

吼猴是動物王國中叫聲最大的物種之一。牠們的生活羣體較小，在日出時會聚集一起，發出震耳欲聾的叫聲，以警告其他猴子遠離族羣的範圍。吼猴咆哮時會張大嘴巴，而令人驚訝的是，牠們不喜歡下雨，會在暴風雨中悲切地吼叫。

威嚇作用

為了應付咄咄逼人的外來威脅，獅羣攜手合作，上演一場令對手臣服的對抗。牠們會一同奮力咆哮，試圖以量取勝，提醒挑戰者三思而後行。

嘹亮的歌聲

體形越大真的代表聲音越大？原來，動物界中一些最響亮的聲音，竟然是由像蚱蜢般細小的生物發出的，牠們發聲時甚至不需要張開嘴巴！

尖頭蚱蜢

摩擦的節奏

蚱蜢在夏天發出的吱吱聲，是由摩擦後腿和翅膀而產生的。

非洲蟬

世界上最大聲的昆蟲是非洲蟬。近距離聽的話，牠的叫聲 就像電單車引擎一樣大聲！

感受摩擦聲

蚱蜢長長的後足上有一排凸起的腿節，可以在翅膀上前後摩擦發出聲音，這稱為「摩擦發音（stridulation）」。這種聲音有點像你用指甲刮梳子齒縫時所發出的聲音。蚱蜢沒有耳朵，牠們要用腹部感知摩擦的振動。

腿部音銼

蚱蜢合唱團

雖然蚱蜢能夠獨自發出優美的聲音，但牠們喜歡大合唱來提高音量。尖頭蚱蜢正是如此，牠們會一起發出聲音，聲音越響亮，就能吸引越多的潛在配偶前來。牠們大聲而自信的聲響就像在說：「我們在這裏！來找我們吧！」

東非鼴鼠

東非鼴鼠生活在東非地區，常在地下隧道尋找植物根莖作為食物。牠們性格暴躁，不喜歡社交，甚至往往會在相遇同伴時打鬥起來。為避免衝突，東非鼴鼠會用頭猛擊洞穴頂部，向其他鼴鼠表明這個洞穴已被佔據，警告對方離開。這種行為稱為「震動通訊（seismic communication）」。

樹上高音頻

眼鏡猴體形小巧,善於跳躍,像戴了護目鏡的靈長類動物。牠們性格害羞,習慣夜行,生活在亞洲的森林中。當眼鏡猴感到安全時,會用高頻率聲音來溝通。相反,牠們受到威脅時,會將呼叫音調提高到大多數動物都無法聽到的頻率。這使牠們能夠在黑暗中找到彼此,而不會向捕食者暴露自己的位置。

高音上上上!

有些動物使用超高頻的聲音來溝通。這些聲音超出大多數人類的聽覺上限,稱為超聲波。兒童、狗、蝙蝠、海豚和老鼠比成年人類更能聽到超聲波。

眼鏡猴

眼鏡猴偵測器

到了夜晚,雄性和雌性眼鏡猴一同合唱,藉此加強聯繫。牠們合唱時會張開嘴巴,但人類聽不到任何聲音。科學家使用一種類似蝙蝠偵測器的裝置來接收牠們的聲音,並轉換成人類可以聽到的音調,現在我們才能夠聽到牠們的對話、呼喚和叫喊聲。

凹耳胡湍蛙

凹耳胡湍蛙的身上
有特殊吸盤，幫助牠們
附着在濕滑的
石塊上。

瀑布溝通妙法

凹耳胡湍蛙生活在婆羅洲的森林中，靠近水流湍急的河流或瀑布，是唯一能夠以超聲波溝通的青蛙。其他青蛙通常用呱呱聲、口哨聲和咕嚕聲來溝通，然而瀑布的水聲不斷，難以聽見這些叫聲。因此，凹耳胡湍蛙會發出高頻率叫聲，就算身處在洶湧澎湃的瀑布，仍能和同類溝通。

海洋合唱團

聲音在空氣中的傳播速度為每小時1,225公里，但在水中，它的傳播距離更遠，速度更是空氣中的4倍。這解釋了為什麼鯨在世界的兩端仍能聽到彼此的聲音！

鯨歌

雄性座頭鯨善於交流。牠們會低語、尖叫、呻吟、咕嚕叫，甚至發出像槍聲的聲音。我們稱這些聲音為鯨歌，並可以使用水底錄音機來搜集這些歌聲。有時，水底錄音機會捕捉到數十隻鯨在唱歌，我們曾經錄到一隻座頭鯨不間斷地唱了7個小時。

座頭鯨

一鳴「鯨」人

鯨的歌聲有着許多不同的意義。例如，座頭鯨在進食前會發出特殊的叫聲，通常是為了告訴其他鯨哪裏有食物。阿拉斯加的座頭鯨亦有一種專門的叫聲，來表示牠們發現了鯡魚。而每一個鯨羣都有自己的隊歌。

座頭鯨的跳躍行為，向潛在配偶展示自己的身體健康狀況。

幼鯨

座頭鯨母親和幼鯨會發出高頻率的叫聲來悄悄交流,以免被捕食者聽到。

寬吻海豚

海豚一般用脈衝式聲音和哨聲來溝通。脈衝式聲音用於回聲定位,聲音會反彈回來,讓海豚了解周圍環境。哨聲則表示牠們需要同伴,感到害怕或飢餓。

鯨躍

座頭鯨跳躍出水是為了將訊息傳遞到遠處。牠們跳出水面,在空中轉身,再重重墜入海中,造成巨大水花。憤怒的座頭鯨會用尾巴拍打水面,這種技巧稱為「鯨躍(lobbing)」。

為了威懾對手,座頭鯨會激烈地用尾部拍打水面。

17

耳語

原來，狼會利用耳朵來說話！當牠們豎起耳朵，露出牙齒時，表示牠們在生氣。當牠們拉後耳朵，瞇起眼睛，就表示懷疑。如果牠們把耳朵平平地貼在頭上，則表示感到害怕。

表示懷疑

表示憤怒

無話不談

獨居動物對於溝通的需求有限，而羣居動物則「健談」得多。狼的社交世界較為複雜，牠們會玩耍、爭吵、分享食物，並保護彼此。就像人類一樣，為了保持社會結構穩固，狼需要保持溝通。牠們會使用聲音、氣味和姿勢來維繫彼此之間的聯繫。

尾巴說故事

狼會使用肢體語言來近距離溝通，透過移動耳朵或改變身體姿勢，展示自己的情緒或在羣體中的地位。狼首領，或者說是狼羣中具領導地位的雄性，會一直高舉着尾巴。當牠準備發動攻擊時，尾巴幾乎與脊椎成直線。而地位較低的狼則將尾巴垂下，有時甚至夾在後腿之間。

地位較低的狼

狼首領

嚎叫中的狼

荒野之嚎

狼嚎叫是為了向遠處發送訊號。迷路的狼可靠着狼羣的嚎叫聲找到回家的路,齊聲嚎叫也可以讓狼羣更團結。除此之外,嚎叫也是宣示領地的方式。牠們還會使用尿液和糞便中的惡臭氣味來標記領地。每隻狼的聲音都是獨一無二的,科學家可以通過嚎叫聲準確地分辨每一隻狼。

如果你覺得狼的叫聲很耳熟,那是因為寵物狗的語言大都是從牠們的狼祖先繼承而來!

邀玩動作

母狼和幼狼

聲音的含義

狼通過吠叫、嗚咽、低吼和嚎叫來表達情緒。吠叫可能意味着危險;低吼通常代表警告。母狼呼喚幼崽哺乳時,可能會發出嗚咽聲。

當草原犬鼠和家庭成員相遇時，牠們會互相摩擦鼻子，然後再彼此擦動前牙，動作看起來和親吻相似。

犬鼠鎮

草原犬鼠是一種神奇的生物。牠們其實並不是犬，而是一種囓齒動物，屬於松鼠的近親，我們通常稱之為土撥鼠。牠們生活在北美洲，聚居在被稱為「犬鼠鎮」的地方。牠們的交流方式往往令人驚歎不已。

派對動物

草原犬鼠喜愛不斷溝通交流，牠們生活在草地下四通八達的隧道中，會共享食物，互相梳理毛髮和四處奔跑覓食。為了向遠處的同類大聲打招呼，草原犬鼠會發出一連串長音。

王鵟

草原犬鼠

草原犬鼠的名字來自牠們警告敵人時發出的吠聲，聽起來像小狗的吠叫聲。

預警系統

草原犬鼠以家庭為重，使用非常具體的語言表達方式來守護家人。牠們的警告叫聲不僅可以宣告附近有捕食者，還能夠指出敵人的種類、顏色，表達敵人位於空中還是地面上，以及敵人的移動方向和速度！

同步跳躍

草原犬鼠有一些紅遍網絡的動作，例如跳躍式尖叫。牠們挺直站立，雙臂向前，凝視天空，然後伸展身體，大聲吼叫：「啊──」這種跳躍動作能讓整個族羣活躍起來，有時牠們甚至跳得樂極忘形，向後摔倒！

21

羣體生活

大象會利用所有感官來溝通。除了聽覺、嗅覺和視覺，牠們還特別利用了兩種超強的感官能力——感知振動的能力，以及運用觸覺的能力。

大象的鼻擁有約40,000塊肌肉來控制動作，而人類全個身體僅有640塊肌肉！

隆隆作響

振動是一種可以被感覺到的聲波。當振動來自非常低頻率的聲源時，我們通常聽不到聲音，但可以感受到低沉的振動，這稱為「次聲波（infrasound）」。大象使用次聲波來長距離呼叫，牠們由地面發出振動，訊息能夠傳送到位於3公里外的同伴。

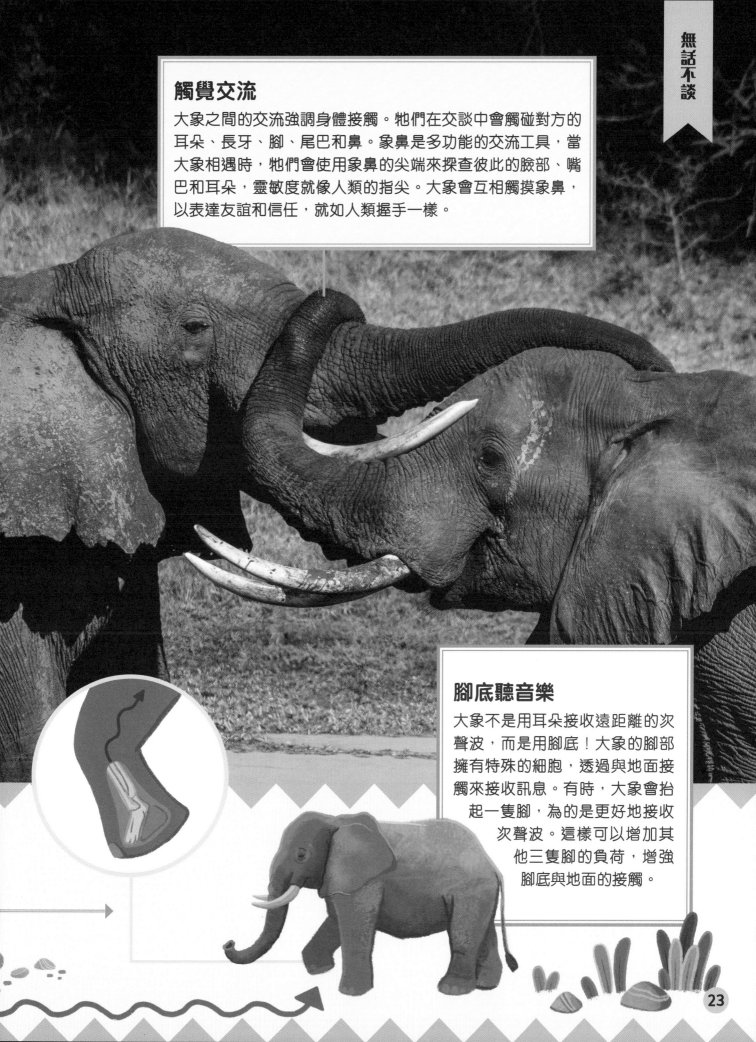

觸覺交流

大象之間的交流強調身體接觸。牠們在交談中會觸碰對方的耳朵、長牙、腳、尾巴和鼻。象鼻是多功能的交流工具,當大象相遇時,牠們會使用象鼻的尖端來探查彼此的臉部、嘴巴和耳朵,靈敏度就像人類的指尖。大象會互相觸摸象鼻,以表達友誼和信任,就如人類握手一樣。

腳底聽音樂

大象不是用耳朵接收遠距離的次聲波,而是用腳底!大象的腳部擁有特殊的細胞,透過與地面接觸來接收訊息。有時,大象會抬起一隻腳,為的是更好地接收次聲波。這樣可以增加其他三隻腳的負荷,增強腳底與地面的接觸。

遠距離呼喚

雀鳥喜歡高聲歌唱，要說到歌聲美妙的鳥類，就非鳴禽莫屬！春天的清晨，鳴禽會練習歌曲，放聲高歌。這種表演稱為「黎明大合唱」。

叫醒服務

「黎明大合唱」大約在日出前半小時開始，多由雄性鳥兒演唱，以此吸引伴侶，並阻嚇競爭對手。通常領地意識越強，歌聲就越宏亮。以鷦鷯為例，這種鳥類體形較小，但聲音極具穿透力。黎明時分，我們常常可以聽到兩隻或以上的雄性鷦鷯在進行歌唱對決。

氣管

肺

鳴管

鷦鷯

特別的歌曲

鳥類用一種叫鳴管的發聲器官來溝通。這使牠們能夠同時發出兩個音符，既可發出叫聲，也可發出歌聲。叫聲較短，通常表示「有危險」或「我在這裏」。歌聲則富節奏感，形式豐富，以吸引配偶。每種鳥類都有自己獨特的「歌單」。例如，褐矢嘲鶇能夠發出2,000種聲音，而歐洲夜鶯則可演唱約300首複雜的歌曲。

蒼頭燕雀能一秒唱出45個音符，遠超過其他鳥類，實在令人讚歎！

國王企鵝

獨特的呼叫聲

國王企鵝習慣在大規模羣落中生活和繁殖，數量多達40萬隻。當企鵝父母去海上捕魚時，雛鳥會四處遊走，與成千上萬相似的幼鳥聚在一起。當成年企鵝返回時，要在嘈雜的企鵝羣中尋找自己的孩子。難以置信的是，每隻企鵝都有獨特的呼叫聲，因此牠們可以在滿是吵鬧聲的海灘上辨認出彼此。

飢餓的企鵝寶寶會拼命呼喚，尋找自己的父母。

企鵝通常在海上捕魚數天。

企鵝父母在企鵝羣中辨認出自己孩子的呼叫聲。

優秀的模仿家

是電話在響嗎?是飛機的聲音嗎?還是電單車在轟鳴?不,那只是一隻擅長模仿的雀鳥在耍把戲。

大鼠耳蝠

大鼠耳蝠有一個聰明的方法來避免被貓頭鷹吃掉。每當發現貓頭鷹時,牠們會模仿黃蜂嗡嗡作響。貓頭鷹會被「黃蜂」嚇跑,讓大鼠耳蝠逃過一劫。

鳥類偽裝大師

雀鳥演唱複雜的歌曲,展示高超的歌唱技巧,從而更容易吸引配偶。這可能就解釋了為什麼有些鳥類選擇成為偽裝大師,四處模仿不同聲音!牠們模仿附近的鳥類、人類,以及環境中聽到的聲音,而華麗琴鳥是世界上最擅長模仿聲音的鳥類之一。牠們可模仿狗吠、嬰兒哭泣聲、鏈鋸聲、卡車聲,甚至是車輛警報聲!

華麗琴鳥

猜猜我是誰？

當鳥隱藏在樹叢時，觀鳥者有時可以用鳥叫聲來辨認牠們，但偽裝術高超的鳥類甚至可以欺騙觀鳥專家。灰貓嘲鶇就非常擅長模仿，連其他物種都會上當。牠們以聽起來像貓叫的「喵喵」聲而得名，有些灰貓嘲鶇甚至還會模仿青蛙的叫聲。

灰貓嘲鶇

北美嘲鶇

此處已被佔據！

北美嘲鶇能夠模仿大約200種鳥類的叫聲！科學家認為，嘲鶇學習新旋律是為了減少領地競爭。試想像，雀鳥千辛萬苦找到一個理想的家園，然而四處充滿各種各樣吵鬧的鳥聲，就不得不離去，尋找一個不那麼擠擁的地方。這時，北美嘲鶇就可以獨享土地了。

歐亞水獺

用糞便來「打卡」

水獺的糞便呈黑色，質地黏滑，通常留在重要地方，如河流中的石頭，讓其他動物容易發現。水獺的糞便就像是發臭的「社交媒體帖文」，告訴其他動物牠就在附近。水獺每天都會將新的糞便堆疊到原本的糞堆中，定時更新牠的「社交媒體」。

糞便密語

所有動物都會產生排泄物或糞便。這是食物代謝後產生的廢物，也是顯示排泄者身分、健康狀態和情緒等訊息的通訊系統。

歐洲狗獾

狗獾公廁

歐洲狗獾生活在緊密團結的羣體中，並在地底建立家園。狗獾會保衞自己的領地，防止其他族羣入侵。同一個羣體的狗獾都會在同一個地方留下糞便，這個地方就像公廁。這個「公廁」建在領地的邊緣，遠離巢穴，散發由所有成員構成的共同氣味。這加強了族羣成員之間的聯繫，同時警告其他族羣切勿靠近。

糞便含有物種的DNA，科學家以此追蹤罕見的物種，例如雪豹。

方塊層層疊

袋熊是獨居動物，不歡迎陌生人進入牠的領地。像許多物種一樣，袋熊用糞便來劃定領地邊界。但與其他動物不同，袋熊的排泄物都是立方體狀的，就像骰子一樣，這樣就可避免糞便從牠們精心堆砌的糞便堆中滾來滾去。

塔斯曼尼亞袋熊

非洲河馬

飛濺糞便

河馬排泄時會瘋狂地擺動尾巴，把惡臭的糞便噴灑到各個方向。雖然河馬經常在水中生活，但牠們竟然會把糞便飛濺到水中，並濺及附近的河馬，全因這種臭氣襲人的招數可以標誌牠們的領地。原來，河馬有一種獨特的溝通方式，稱為「喘息喇叭（wheeze-honk）」。當聽到陌生的喘吼聲，河馬會開始排便和搖尾巴，產生驅趕入侵者的氣味。

這是我的領地！

我們用文字來說明房屋地址，劃定住宅範圍，方便他人找到我們的住處。然而，其他動物有更方便的方法標記領地。歡迎來到超級尿尿達人的世界！

大熊貓

嬰猴

嬰猴故意在手上小便，這樣牠們觸碰到的一切都帶有牠們的氣味，真是不洗手的好理由！

樹上體操

雄性大熊貓看起來敦厚可愛，不怎麼擅長運動，但是牠們懂得高難度的撒尿體操！牠們會倒退爬上樹，擺出倒立姿勢，朝着樹幹小便。尿液含有豐富的訊息，包括對伴侶的渴望。風會把氣味傳遍整片竹林，讓其他大熊貓知道。

味道濃烈！

你聽過「裂唇嗅反應（flehmen response）」嗎？這是指動物嗅聞空氣時，將嘴唇後翻，露出前牙，令臉部表情扭曲起來。但是，這不代表動物感到噁心，而是表示牠嗅到了濃烈的氣味。這個動作將氣味送到上齒後面的器官，使動物可以「嘗到」尿液、糞便和汗水。

老虎

動物嘴巴中極敏感的嗅覺細胞組成了重要的嗅覺器官——鋤鼻器。

噴射時間

老虎像貓一樣，都是嗅覺達人，牠們尤其喜歡在垂直表面上撒尿或「噴尿」。噴尿會釋放許多特有的化學物質，彷彿在標記領地。科學家以此來繪製該地區的老虎族群分布圖，噴尿所釋放的液體含有尿液和腺體分泌物，科學家也通過分泌物的DNA來識別老虎個體。

超強氣味

某些動物以氣味作標記來傳遞訊息，牠們身上擁有特殊的腺體。氣味腺會分泌一種具黏性、帶臭味的液體，當中攜帶重要的訊息傳達給其他同類。

黑色淚滴

柯氏犬羚是體形極小的非洲羚羊。牠們不是羣居動物，而是成對生活——每個領地只有一雄一雌的柯氏犬羚。牠們會用眼角的眶下腺分泌出的厚厚蠟狀分泌物，在棲息地的不同角落留下標記，以驅逐入侵者。這些腺體看起來像大顆大顆的黑色淚滴。

柯氏犬羚

樹懶

樹懶擅長躲藏起來！牠們幾乎不會散發氣味，因為牠們只會鼻尖出汗，使身上只有森林的大自然氣味。樹懶的身上還長滿了綠色的「苔蘚」，使牠們得以隱藏在樹梢中，難以被發現。

環尾狐猴

氣味部位

有些動物的氣味腺分布在奇怪的地方！環尾狐猴的氣味腺在手腕；鹿的氣味腺在腳上，藏在「腳趾」之間，這樣牠們每走一步都留下氣味。大象的腺體位於耳朵前方，而狐狸的腺體則位於尾巴下方。

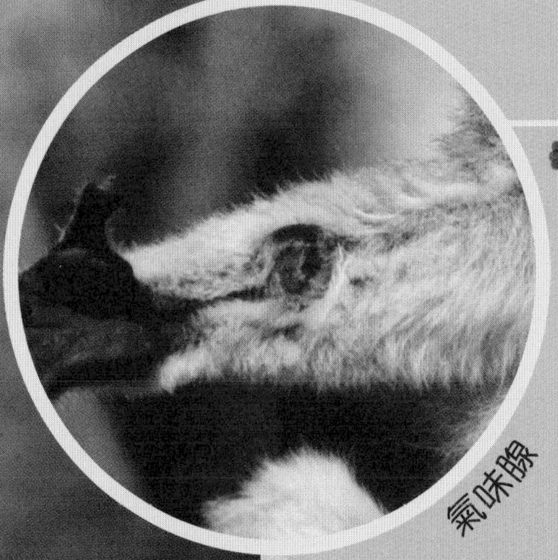

氣味腺

臭味較量

雄性環尾狐猴會進行「臭味較量」來確定誰有資格交配。牠們會用尾巴擦拭氣味腺，最臭的一方獲勝。

雌性烏桕大蠶蛾

交配至上

夜行性的烏桕大蠶蛾的生命非常短暫，大約只有12周。牠們大部分時間以毛毛蟲的形態過活。長出翅膀的成蛾僅生存約6天，使命只有一個：交配和產卵。雌性蛾會釋放強勁的費洛蒙，這氣味可以在風中傳播約5公里。雄性蛾使用觸角來探測費洛蒙，然後追尋雌性蛾。

雄性
烏桕大蠶蛾

神秘的氣味

費洛蒙是一種化學物質，生物散發費洛蒙來指引其他同類行動。雖然以尿液和糞便作氣味標記同樣能夠傳遞訊息，但費洛蒙更像是發送指令，與生物的本能息息相關。

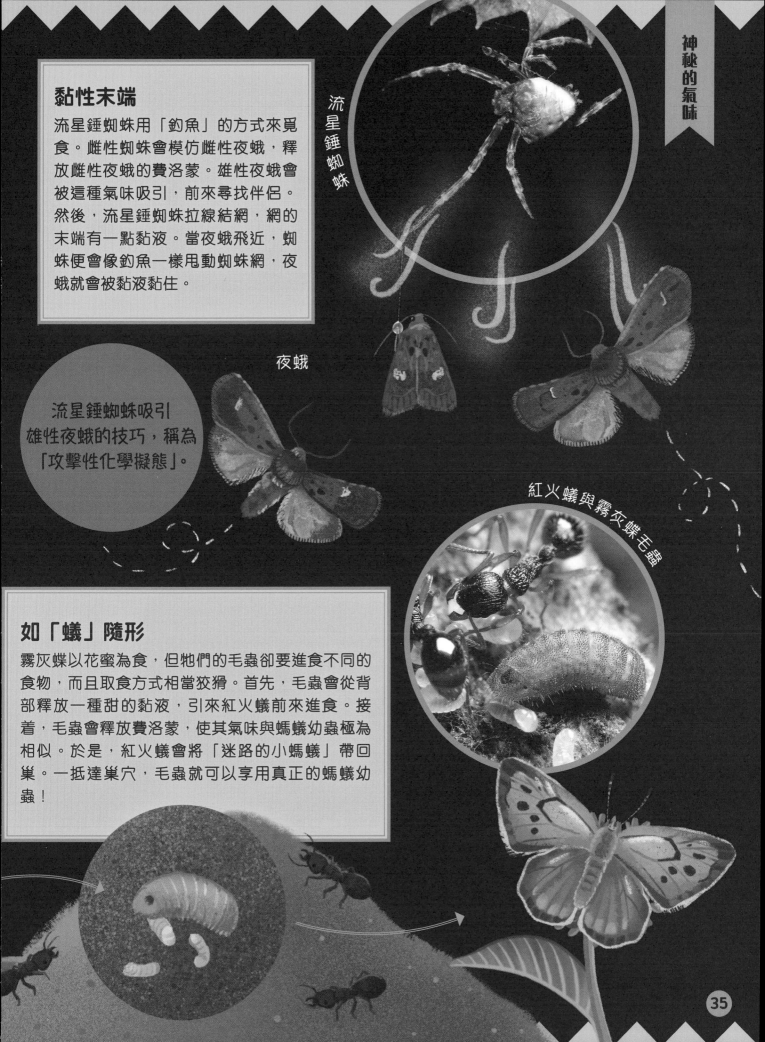

流星錘蜘蛛

黏性末端

流星錘蜘蛛用「釣魚」的方式來覓食。雌性蜘蛛會模仿雌性夜蛾，釋放雌性夜蛾的費洛蒙。雄性夜蛾會被這種氣味吸引，前來尋找伴侶。然後，流星錘蜘蛛拉線結網，網的末端有一點黏液。當夜蛾飛近，蜘蛛便會像釣魚一樣甩動蜘蛛網，夜蛾就會被黏液黏住。

夜蛾

流星錘蜘蛛吸引雄性夜蛾的技巧，稱為「攻擊性化學擬態」。

紅火蟻與霧灰蝶毛蟲

如「蟻」隨形

霧灰蝶以花蜜為食，但牠們的毛蟲卻要進食不同的食物，而且取食方式相當狡猾。首先，毛蟲會從背部釋放一種甜的黏液，引來紅火蟻前來進食。接着，毛蟲會釋放費洛蒙，使其氣味與螞蟻幼蟲極為相似。於是，紅火蟻會將「迷路的小螞蟻」帶回巢。一抵達巢穴，毛蟲就可以享用真正的螞蟻幼蟲！

35

螞蟻的本領

木蟻是非常厲害的動物。牠們的社會結構很強大，而且很有組織力，幾乎所有溝通都依賴費洛蒙！

螞蟻數量龐大，地球上一個人類對應大約250萬隻螞蟻，所有螞蟻的總重量更大於所有人類的總重量！

快速溝通
螞蟻在「蟻丘」生活，蟻丘由工蟻建造的多條管道堆積而成。一個蟻丘最多可容納40萬隻木蟻，所以牠們需要快速而有效的溝通方式。

螞蟻用觸角傳播費洛蒙，僅需片刻時間，費洛蒙就能在巢穴中擴散，能幫助識別同伴、敵人，以及尋求幫助。

食物軌跡

當螞蟻發現食物時，會分泌「蹤跡費洛蒙」，標記通向食物的路徑，供其他螞蟻跟隨。每隻途經的螞蟻都會釋放更多費洛蒙，以保持氣味強烈。這就解釋為什麼螞蟻不是成羣結隊地移動，而是一隻跟一隻列隊前進。

強大的通訊體系

螞蟻共同協作，形成強大的通訊體系。每當食物稀缺時，費洛蒙會告訴螞蟻幼蟲停止成長；當食物充足時，又會指示牠們再次生長。當螞蟻咬住敵人時，會釋放強烈的費洛蒙，告訴其他螞蟻參與攻擊。當螞蟻死亡時，則會釋放帶危險意味的費洛蒙，以保蟻羣安全。

螞蟻受到威脅或捕殺獵物時，費洛蒙會指示牠們一起從腹部噴射蟻酸。

尼羅鱷

清潔口腔

站在鱷魚的嘴巴裏看起來太危險了，但這正是埃及鴴享用早餐的方式！鱷魚進食時，肉塊會卡在齒縫之間。為了清潔牙齒，鱷魚會張大嘴巴，允許埃及鴴飛進去變成「牙簽」。這樣埃及鴴可以飽餐一頓，而鱷魚也能保持口腔清潔。

埃及鴴

跨物種合作

大多數動物只懂得與同類用自己的「語言」溝通，但一些聰明的動物早已學會理解其他物種的語言，甚至以其他「語言」來「對話」。

草原犬鼠

裂唇魚

享受水療日

裂唇魚會為體形比自己大的捕食性魚類提供「水療服務」，甚至連鯊魚也是牠們的客人。牠們會啃食客人身上的海蝨和壞死的鱗片。為了交易愉快，客人會靜止不動，同時裂唇魚會展示一種獨特的舞蹈，意味雙方都同意這項「水療服務」交易。

郊狼

美洲獾

合作伙伴

成年的草原犬鼠移動速度驚人，牠們能夠奔跑，迅速轉彎，突然鑽進地下消失眼前。飢餓的郊狼和美洲獾有時會聯手狩獵牠們，如果草原犬鼠奔跑，身手矯健的郊狼會負責追趕；如果牠們鑽入地下，美洲獾則會將牠們挖掘出來。可是，我們目前還未知道這對組合是怎樣決定共同狩獵草原犬鼠的。

渡鴉的翅膀

就在那裏！

儘管渡鴉沒有手指，但是牠們可以用翅膀和長喙來指出食物或危險的來源。相較之下，人類嬰兒要花上差不多一年時間才能學會這項技能。除此之外，渡鴉還能學習數數字，牠們擅長數學，並懂得運用工具來解決問題。

鳥類的超級大腦

有些智力測試通常只有靈長類動物（例如人類）才有能力通過，但渡鴉及其近親喜鵲和烏鴉都是非常聰明的動物，牠們在這些測試中竟有出色的表現！渡鴉還擅長利用身體姿勢，向其他動物準確指出方向。

渡鴉

東加拿大狼

奇怪的拍檔

渡鴉經常跟隨狼狩獵，吃掉牠們剩下的食物。有些渡鴉會與幼狼建立親密的關係，與幼狼一起用樹枝玩拋接或拔河遊戲。

居住於北極地區的因紐特人將渡鴉稱為「狼鳥（wolf-birds）」。

召喚狼羣

渡鴉的喙不夠強壯，無法撕裂堅韌的動物屍體，因此牠們需要狼羣的幫助。飢餓的渡鴉會大聲嘶叫，並在食物上空飛行，呼叫狼羣前來。

狼羣會撕裂動物的屍體，這樣牠們和渡鴉就可以一起進餐。

公平遊戲

渡鴉重視公平公正！如果同伴懂得分享食物，渡鴉會很歡迎牠，並邀請牠一起玩耍。但若同伴自私自利，獨佔美食，便會被族羣忽略。渡鴉還能辨認和記住人類的臉孔，每當傷害過牠們的人類出現時，渡鴉會警告同伴有危險。

41

大蟾蜍

令人「蛙」然

蛇進食時會把食物完整吞下,而且可判斷自己能吞進體形多大的食物。因此,如果小動物能夠讓自己看起來更大,蛇可能就不會將牠們視為獵物。一些大蟾蜍發現了這個秘密,每當牠們發現蛇,便會伸直身體,變得高出3倍,擺出一副「吞得下你就吞」的姿態!

白點叉鼻魨

自我膨脹

白點叉鼻魨生活在熱帶水域。牠們游泳時笨拙不堪,尤其是在被虎鯊追逐時,對生存非常不利。但白點叉鼻魨懂得吞下大量水,令身體膨脹,使自己看起來大得難以下嚥。在不到15秒時間,牠們就可以膨脹得像沙灘球一樣圓一樣大!

這種誇大體形和威嚇性的行為,稱為「虛張聲勢行為」。

以騙為生

在動物界，體形大小非常重要，在任何對抗中都極為關鍵，直接影響生存機會！一些物種擁有巧妙的方法，使自己看起來比實際體形大得多。

毛「髮」悚然

黑猩猩經常爭吵，但大多數能很快冷靜下來。當黑猩猩真的生氣時，毛髮會豎立起來，這稱為「豎毛反射（piloerection）」，使體形看起來更大。豎毛反射是由皮膚中的微小肌肉收縮而引致，其實人體也有相同反應，我們稱為雞皮疙瘩。

印度眼鏡蛇

黑猩猩

多出來的雙眼

印度眼鏡蛇具毒性，足以令人致命。但牠們通常不會在體形太大而無法吞嚥的動物身上浪費毒液。相反，眼鏡蛇會嘗試嚇退體形龐大的動物，牠們頭部的兩側擁有鬆弛的蛇皮，可以隨意展開。眼鏡蛇撐開蛇皮，發出嘶嘶聲，豎起身子，並不代表牠發怒，而是代表牠感到害怕。傘狀蛇皮的背面還有一雙巨大的假「眼睛」，可以加強威嚇效果。

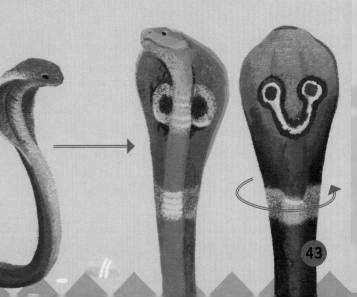

43

狡猾的行為

動物會用許多巧妙甚至狡猾的方式，來獵食和保護自己。人們常說動物永遠不會撒謊，但其實牠們經常說大話！

又尾卷尾鳥

危險警報！

叉尾卷尾鳥居住在非洲的喀拉哈里沙漠，通常與狐獴生活在一起。牠們懂得辨認彼此的警報呼叫。每當聽到對方呼叫，便知道附近有捕食者，要盡快躲藏起來。

小偷的虛假警報

有時狐獴會挖掘出蛆蟲，這對雀鳥來說可是美食誘惑。這時，叉尾卷尾鳥會發出警報呼叫，假裝附近有危險，狐獴聽聲便迅速躲進地底，卷尾鳥就趁機俯衝而下偷走蛆蟲！卷尾鳥可以模仿超過50種警報呼叫，還包括狐獴的呼叫聲。

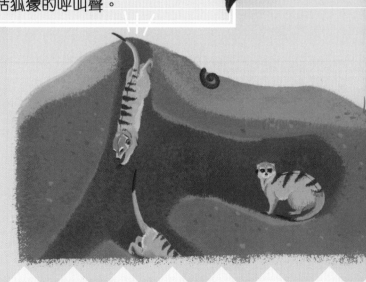

狒狒

當狒狒寶寶被媽媽訓斥時，有時會發出呼叫，假裝有危險逼近。不過，媽媽只會上當一次，以後就能識破牠們的謊言！

綠蓑鷺

麵包魚餌

大約在80年前，有人看到一隻綠蓑鷺從花園的餵鳥屋叼走麵包。但奇怪的是，綠蓑鷺吃小魚和青蛙為主，從不吃麵包！因此當地觀鳥者化身為偵探，一探究竟。他們跟蹤綠蓑鷺，看到牠把麵包丟進湖裏。湖中的魚開始啃食麵包，綠蓑鷺便迅速衝上前，叼起魚兒一吞而下。時至今日，成千上萬的綠蓑鷺已經學會了這個招數。

金黃珊瑚蛇

小心注意！

有些動物身上會發出訊號，表示自己不宜食用，否則對捕食者身體有害。但其實這只是騙人的招數，牠們完全無害！

猩紅王蛇

危險！

金黃珊瑚蛇的牙齒帶有劇毒。為了向捕食者展示自己有害、不宜食用，金黃珊瑚蛇的皮膚有鮮明的條紋。鮮豔的紅色、黃色和黑色是警戒色，具「警戒作用（aposematism）」。

要騙你不難！

猩紅王蛇是無毒的，但牠長有與金黃珊瑚蛇相似的條紋。簡單來說，牠就像穿了毒蛇的「外衣」，試圖欺騙其他物種自己有毒。這種欺騙行為稱為「貝氏擬態（Batesian mimicry）」。

金黃珊瑚蛇

猩紅王蛇

條紋顏色順序

仔細觀察這兩種蛇，你會發現牠們的條紋顏色順序不同。這兩種蛇在北美地區生活，當地居民以一句簡單句子來識別牠們：紅在黃中央，不走便遭殃；紅在黑中央，毒性不會強。

與花爭豔

雌性蘭花螳螂擅長偽裝成平和的樣子，使用的招數與貝氏擬態相反。這種螳螂看起來像花朵，看似無害，實則非常危險。牠會假裝邀請昆蟲來吸取花蜜，然後極速將其捕食！

蘭花螳螂擁有極快的攻擊速度！

蘭花螳螂

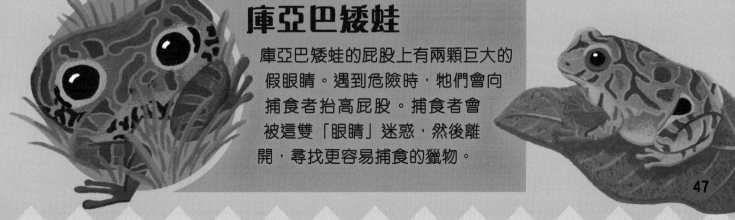

庫亞巴矮蛙

庫亞巴矮蛙的屁股上有兩顆巨大的假眼睛。遇到危險時，牠們會向捕食者抬高屁股。捕食者會被這雙「眼睛」迷惑，然後離開，尋找更容易捕食的獵物。

土耳其禿鷹

禿鷹喜歡在高處停留，廣闊的視野有助發現獵物。

混淆視聽

土耳其禿鷹以死去動物的腐肉為食。可惜牠們在自然界非常著名，每當其他動物看見牠們，便知道周圍有容易取得的食物。為了阻止其他捕食者分一杯羹，這些禿鷹用噁心的方法來分散敵人的注意力，同時避免自己成為其他動物的獵物。

屍體獵人

禿鷹是很厲害的食腐動物。牠們在天空中高飛，四處張望，尋覓動物屍體。一旦有發現，便俯衝下來，在動物屍體上大快朵頤。

海兔

海兔看似毫無防禦力，卻懂得使用狡猾的方法來逃避捕食者。受到威脅時，海兔會釋放墨汁，然後迅速躲避捕食者和隱藏起來。科學家還發現這種「煙霧彈」可能會干擾捕食者的嗅覺。

噁心的招數

以死去的動物為食似乎沒有風險，但實際上危機四伏。每當禿鷹感知到附近有捕食者出現時，便會將嘔吐物吐在對方身上。趁着敵人分心，禿鷹會抓緊時間，迅速飛到安全的地方。

陸上行走

彈塗魚

看看我！

彈塗魚是能在陸地上行走的魚，但實際上牠們不是用腿行走，而是用胸鰭。每當發現入侵者，牠們會豎起背鰭，在空中跳躍，並張開嘴巴，撞向對手。用這樣的方法，就算不是所有彈塗魚也能逃出生天，但應該至少有一條可以成功躲到安全的地方。

接吻魚

展現實力

對野生動物而言，即使是輕傷也可導致死亡。因此，許多動物發現，透過展示力量來解決爭端是最好的方法，這樣牠們的軀體就不會受到任何損傷了。

情人還是敵人？

接吻魚，又稱吻嘴魚，牠們親吻的樣子看起來很可愛，但其實是兩隻雄性接吻魚在比試力量。牠們嘗試鎖住對方的嘴巴來翻動對方，就像我們進行「比腕力」比賽，從而猜測誰的力量大！

頭髮亂了

赤鹿在交配季節或發情期開始時會咆哮，向對手宣示領地。雄鹿會評估彼此的鹿角，看看誰的鹿角更大、更強壯。為了使自己的鹿角看起來優秀一些，雄鹿有時會用頭猛撞灌木叢，讓鹿角被植物覆蓋，以阻嚇對手。

美國綠樹蛙用呱呱聲的音調，衡量彼此的實力。小蛙發出的音調一般較高，所以一些小蛙學會發出深沉的呱呱聲，提高自己的地位。

赤鹿

滑鼠蛇

互相纏繞

雄性滑鼠蛇會互相纏繞在一起，就像繩子打結一樣，以這種舞蹈方式確定領地屬於誰。雙方會一直跳舞，直到一方意識到自己被打敗，然後蜿蜒離開。

跳呀———跳呀———

跳羚名副其實是「跳躍的羚羊」！當跳羚受到威脅時，會四腳彈跳，來展示牠們有多強壯和敏捷，令捕食者明白難以捕捉。如果附近有捕食者，整羣跳羚會上下彈跳躲避危險。

跳羚

獅子

別挑我來吃！

跳羚會用彈跳的方式展示自己矯健的身手。然而，當整羣跳羚使用相同策略時，捕食者便可以輕易辨別出哪隻跳羚最弱，然後瞄準最弱的跳羚發起攻勢。

有本事就來抓我！

動物通過展示身體靈活性，告訴其他動物牠們非常健康，且不易捕獵，因為身體健康、敏捷矯健的動物較不容易成為捕獵對象！

掌上壓挑戰

西部圍欄蜥蜴喜歡在當眼的地方做掌上壓,以展示牠們強壯健康。其身體兩側呈鮮藍色,每做一下掌上壓就閃動一次,不僅可以打動伴侶,還能夠震攝競爭對手。當另一隻雄性蜥蜴前來做掌上壓時,雙方會瞬間變得活力四射,用來展示誰是老大!

西部圍欄蜥蜴

河馬

河馬打哈欠不代表牠們疲倦。相反,這其實是警告!牠們張大嘴巴是為了展示巨大的牙齒,提醒其他動物不要自找麻煩。

請勿靠近！

有些動物擅長發出威嚇，警告其他物種不要靠近。隨着危險越來越近，威嚇行為會更加明顯和迫切。動物需要學會讓敵人明白牠們發出的警告，令牠們立即停止靠近。

威脅越近，響尾蛇擺動尾巴發出喀嗒聲的速度就越快。

預警系統

西部菱背響尾蛇的響尾聲常常被誤解為發動襲擊的訊號。但其實響尾蛇只是在警告捕食者不要靠得太近，嘗試避免衝突和受傷。

喀嗒作響

響尾蛇會像沙槌一樣搖動尾巴，發出喀嗒聲。響尾聲由尾巴尖端一片片相連的中空鱗片發出。鱗片由角蛋白組成，就像人類的指甲一樣。成年的響尾蛇可以每秒搖動尾巴90次。科學家認為，這種響尾發聲起初是用來防止響尾蛇自己隱藏在草叢裏時，被野牛踩到。

好痛啊！

在北美，響尾蛇每年咬傷約1,000人。超過一半事故是因為人們試圖觸摸響尾蛇，其他則是在蛇受驚時發生。每年死於被響尾蛇咬傷的人數，其實不到4人。

西部菱背響尾蛇

河狸

河狸的尾巴有很多功能——啃食樹木時幫助平衡身體，在冬季儲存脂肪，更是警報系統！每當河狸察覺到危險，便會猛烈地用尾巴拍打水面，發出響亮的爆裂聲。這提醒其他河狸要躲藏起來，也告訴捕食者：「你已暴露行蹤！」

紅色警告！

紅色在自然界是特殊顏色。紅色鮮豔而明亮，一些動物會用來發出警告：「小心！敢吃我你就遭殃！」這種以顏色發出警告的行為稱為「警戒作用（aposematism）」。

象徵死亡的顏色

紅色是大自然中最常見的警戒色。紅色在綠色的植被中相當亮眼，而且在遠處仍然清晰可見。就像許多紅色路標一樣，之所以使用紅色，是因為它與環境形成鮮明的對比。隨着時間推移，捕食者就會知道某種特定顏色的動物不適合成為食物，這顏色可能會帶來痛苦、不適，甚至死亡。

金龜甲蟲

番茄蛙

番茄蛙生活在非洲島國馬達加斯加。如果捕食者試圖捕食番茄蛙，牠會膨脹身體，從皮膚釋放出一種難吃的白色液體。這會使捕食者的口腔和舌頭麻痺，不得不鬆開嘴巴放下到口的肥肉。這亦教訓捕食者永遠不要再吃鮮紅色的蛙了！

閃閃發光

神秘的黃金龜甲蟲在覓食時，看起來像是拋光的寶石。當危險靠近時，牠會以極快的速度從光彩奪目的金色變成紅色。

黃金龜甲蟲

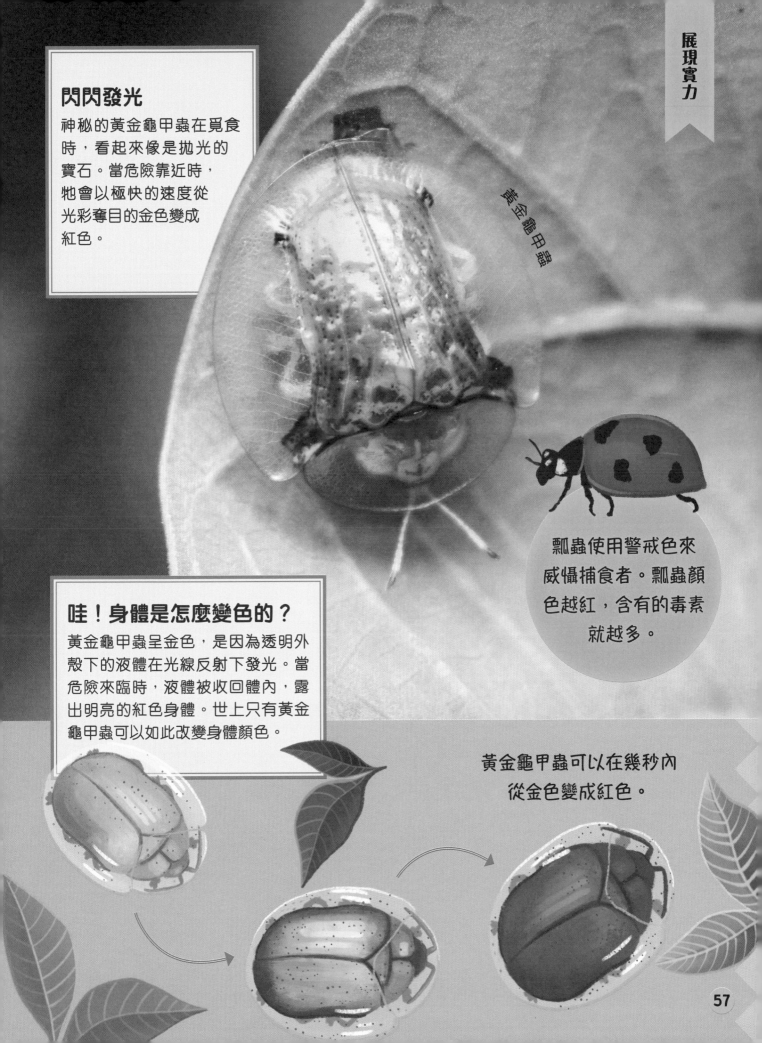

瓢蟲使用警戒色來威懾捕食者。瓢蟲顏色越紅，含有的毒素就越多。

哇！身體是怎麼變色的？

黃金龜甲蟲呈金色，是因為透明外殼下的液體在光線反射下發光。當危險來臨時，液體被收回體內，露出明亮的紅色身體。世上只有黃金龜甲蟲可以如此改變身體顏色。

黃金龜甲蟲可以在幾秒內從金色變成紅色。

冠小嘴烏鴉

冠小嘴烏鴉無懼敵人，圍攻較大的白尾海鵰。

白尾海鵰

羣起而攻之

鳥類為了保護幼鳥，會聚集一起對抗敵人，這種方式稱為「圍攻行為」。當捕食者如海鵰靠近鳥巢時，烏鴉父母會對牠們發動嘈雜的空中攻擊。海鵰受驚後會變得不知所措，放棄狩獵幼鳥。

全體集合！

面對危險時，比起一對一防禦和對抗，有些動物傾向圍攻。畢竟團結就是力量，這意味只要數量夠多，就算是體形較小的鳥，也能夠迅速而有效地戰勝敵人。

北雀鷹

召集同伴

許多不同的鳥類也會聚集在一起對抗捕食者。鳥類會發出特殊的叫聲，從而吸引更多「鄰里」參與圍攻。

圍攻行為是生物「互利共生 (mutalism)」的例子，鳥類共同努力，保護整個羣體的雛鳥。

圍攻行為

圍攻行為包括俯衝攻擊，發出刺耳的尖叫聲，甚至在入侵者身上排便或嘔吐！像燕鷗或海鷗這樣的羣居性鳥類，尤其擅長圍攻。烏鴉和鳴禽也是圍攻精英。

北極燕鷗

北極狐

短嘴鴉

橙腹擬黃鸝

誰是圍攻對象？

哪些物種會被鳥類視作威脅，取決於該物種所構成的危險。有些鳴禽，例如橙腹擬黃鸝，會將烏鴉視作威脅，而烏鴉則視老鷹和貓頭鷹為威脅。亦有些鳥羣會對付外來的哺乳動物，如狐狸、蛇，甚至人類。

銀鷗

停止偷竊！

在沙灘上覓食的海鷗有時會羣聚在一起，奪取人類的食物。雪糕是最受歡迎的目標之一，海鷗羣會分散途人的注意，然後其中一隻會快速飛過搶走食物！

59

野牛常常發出咕嚕聲來保持聯繫，這些聲音稱為「聯繫呼叫（contact calls）」，讓整個野牛羣知道一切安好。

少數服從多數

就像我們在學校投票揀選班長一樣，野牛也會根據「少數服從多數」的原則來決定首領。

肢體語言

當野牛需要選擇前進的方向時，會把身體朝向某個特定的方向。有些野牛可能喜歡北方的草地，有些可能喜歡向東前往水窪。野牛會將身體朝向牠們想要前往的方向，以此投票，表示自己意願。

投票開始！

歐洲野牛有許多不同的聲音表達方式。當雄性野牛想交配或感到不安時，會發出咆哮聲。除了聲音表達，野牛在決定前進方向時，還會「用腳投票」！

滋滋滋！

科學家利用野牛的領袖模式行為，減少野牛與人類農民的衝突。科學家會為野牛領袖戴上項圈，如果牠入侵農作物，項圈會觸發輕微電擊。因此，農民只需要制止一隻野牛領袖，就能夠讓整羣野牛離開。

戴着項圈的野牛領袖

野牛將身體朝向自己喜歡的方向，用肢體語言來投票。

跟隨我吧！

決定結果後，會有一隻野牛朝着那個方向邁出第一步，其他野牛會陸續跟隨。有時，牛羣會暫時分開，但在大多數情況，所有野牛會漸漸朝同一個方向前進。這種集體決策的方式在動物界中並不常見。

設定飛行模式

動物遷徙時，會橫越世界，是又神奇又令人驚歎的過程。雖然科學界對動物遷徙的認識仍處於初步階段，但我們已開始理解牠們怎樣決定何時開始遷徙。

家燕

獨自旅行

有些遷徙出於本能，例如燕子在歐洲和非洲之間的遷徙。這些鳥類會依照本能從繁殖地遷移到冬季棲息地，牠們知道該去哪裏以及如何到達，無需依賴父母指導。而其他鳥類則有所不同，比如加拿大雁。

環境艱難

在食物短缺且天氣轉冷時，加拿大雁會決定離開牠們的夏季棲息地。但牠們不是直接離開，而是先互相「交流」，告知大家準備啟程。雁羣會開始大聲鳴叫，並將嘴巴指向天空，然後和家人或其他雁家族一起向南飛去。

雁會發出響亮的聲音，告訴大家牠們已經準備好出發。

初次遠行

加拿大雁不是憑本能遷徙，而是憑經驗。牠們需學習尋找方向，學懂辨認地標，如海岸線和山脈。牠們也會利用太陽和星星來保持正確方向。年幼的雁需要依賴父母和成年雁引導，因此牠們需要時刻一起行動，以免走散。

加拿大雁

節省能量

羣體飛行對雁來說有很多優勢。飛行需要大量體力，所以牠們會在風和日麗、有順風的天氣下集體飛行。牠們還有特定的飛行隊形，領頭的雁能夠幫助後面的雁減少風阻，並為雁羣提供一點點額外的升力。

人字形或V字形的排陣讓雁以滑流方式飛行，從而節省飛行所消耗的能量。

漂泊信天翁

歡迎之舞

漂泊信天翁一生只有一個伴侶，是相當浪漫的鳥類。當牠們的幼鳥長大離巢後，信天翁父母便會分開，各自到海上漫遊數月。當牠們再次相遇時，會互跳歡迎之舞。牠們會展開巨大的翅膀，觸碰嘴喙，搖擺頭部，同時發出非常大聲的鳴叫。這對人類來說可能不是最悅耳的聲音，但對信天翁來說卻最為動聽！

走鵑

對走鵑來說，最好的愛情信物是剛被殺掉的蜥蜴。情人節巧克力對牠們來說一點也不吸引！

手舞足蹈

春天對鳥類來說是求偶的季節，也是建立關係和信任的時刻，牠們會在孵化雛鳥前進行各種活動。鳥兒約會時，會送贈禮物，展現適當舉動，並以儀式舞蹈來炫耀自己。

巴布亞企鵝

借「石」獻佛

對於巴布亞企鵝而言，沒有什麼比一塊漂亮的鵝卵石更能表達愛意。巴布亞企鵝在石堆上築巢。牠們會在海岸線收集最好的石頭，獻給伴侶，並發出輕柔的聲音。這些「珍貴的禮物」會被帶到巢中石堆，有些頑皮的企鵝還會從鄰居的巢中偷走石頭，當然鄰居會馬上取回來！

雌性緞藍園丁鳥

雄性緞藍園丁鳥

示範單位

雄性緞藍園丁鳥富有藝術氣息，牠們能用草築巢，搭建鳥窩圓頂，並用偷來的寶物裝飾家園。這些珍貴的寶物包括花瓣、鵝卵石、瓶蓋、膠叉、蝸牛殼、吸管等等。任何色彩繽紛的東西牠們都會精心布置在鳥窩周圍，從而吸引路過的雌鳥。有些緞藍園丁鳥會選擇不同顏色的裝飾，但大多數只會挑選藍色。

鳳頭鸊鷉

求偶之舞

鳳頭鸊鷉的「求偶之舞」精彩絕倫，這種舞蹈需要在水上高速奔跑、搖頭擺尾，還要叼着水草！舞蹈開始前，雄鳥和雌鳥會在湖泊呼喚彼此。牠們先點頭示意，然後潛入水中用嘴巴收集水草，再划水游向對方，逐漸從水中升起身體，直至近乎豎立於水面。最後，牠們胸貼胸完成這場舞蹈。此時，這兩隻鳥正式配對成功！

求偶表演

雄性月牙華美天堂鳥是天生的舞蹈家。在雌鳥的注視下，雄鳥會展開翅膀形成羽冠，然後在雌鳥周圍上下跳躍、前後移動、左右搖擺，希望雌鳥會被打動，同意與牠交配。

雄性月牙華美天堂鳥

舞台上的約會

對於一些動物來說，吸引異性的關鍵取決於牠們在舞台上的表現。這些生物創造力豐富，會用精彩的舞蹈動作和表演來吸引異性，希望能夠奪取芳心！

孔雀蜘蛛

用生命跳舞！

色彩繽紛的孔雀蜘蛛只有大約一粒米的大小。幸好，雄性孔雀蜘蛛擁有引人注目的獨門絕招。為了引起雌性注意，牠會舉起色彩斑斕的身體和後腿，並左右搖擺。這種求偶之舞必須出眾特別，否則體形較大的雌性可能會認為牠更適合當作食物，而非伴侶！

與大多數動物不同，雄性草海龍負責攜帶受精卵。

同步的泳手

草海龍擁有特別的交配儀式。雄性和雌性草海龍會肩並肩優雅地滑動，猶如鏡像，完美地映照對方的身體動作。這種優美而緩慢的舞蹈通常在春天的傍晚，光線開始減弱時開始，並一直持續到深夜。

草海龍

誘惑之舞

雄性鴕鳥跳出誘惑之舞時，會彎曲雙腿，彎腰俯身，張開翅膀，展露身體所有羽毛，然後有節奏地左右擺動。雌性鴕鳥會根據舞蹈表演有多優雅，來判斷是否接受雄性的求偶行為。

鴕鳥

誰才是老大？

　　遇到衝突時，敵我雙方要立刻判斷誰是領袖、誰最危險，以及誰最值得信賴。猴子在這方面尤其出色。

樹枝王者

巴巴里獼猴的羣體擁有嚴格的階級制度。牠們溝通主要是為了維護這種階級制度，尤其是在爭奪食物或配偶時。獼猴使用聲音和肢體語言來交流，當衝突升溫，雄性的獼猴領袖會爬上樹搖動樹枝。哪個雄性獼猴能搖動最大的樹枝，就能成為王者。

搖動樹枝

威嚇至上

對很多動物來說，威嚇行為比實際打鬥更安全。因此，獼猴領袖會使用面部表情來展示情緒，彷彿在向家人說：「你別惹我！」

不好意思——

其他獼猴則努力向領袖表現出牠們毫無威脅。牠們會展現順從的姿態，表情害怕和痛苦，意味牠們不打算挑戰領袖。

請息怒——

當獼猴之間發生衝突，猴羣的其他成員會互相梳理毛髮或擁抱，以緩和緊張的氣氛。

巴拿馬白面卷尾猴

當巴拿馬白面卷尾猴受到威脅時，會啟動防禦機制。兩隻猴子將頭部上下靠在一起，怒視敵人，大聲咆哮，展示長牙。捕食者看到牠們擁有比預期中更大的頭和更多的牙齒時，就會落荒而逃！

巴巴里獮猴

互相觸碰

對猴子而言，互相梳理毛髮是極其重要的溝通方式。這與保持清潔無關，而是為了建立友誼和維持關係。

獮猴每天花數小時互相梳理毛髮。

69

螢火蟲

一閃一閃

閃爍的螢火蟲懂得如何在夜間引人注目。螢火蟲通過不斷閃爍腹部來發送訊號，這就是雄性螢火蟲吸引配偶的方法。由於螢火蟲有不同品種，每個品種都有自己的「代碼」來溝通，牠們擁有獨特的閃爍模式，以確保只吸引到自己的同類。

有些動物體內有名為螢光素的化學物質，生物發光就是生物體內的螢光素與氧發生反應時產生的。

約氏黑角鮟鱇

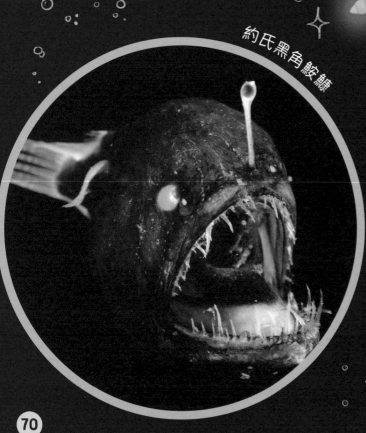

致命凝視

約氏黑角鮟鱇雙眼之間有一條細長的觸鬚，觸鬚的尖端在黑暗中發光，引誘小魚靠近。雌性鮟鱇張口時尖齒露出，瞄準獵物合攏嘴巴，晚餐就這樣送進肚子裏了。

出眾的邀約

在日月無光的海洋深處，某些動物懂得自行發光來傳送訊號，這些動物具有生物發光的特性。

雙鞭毛蟲

藍上加藍

雙鞭毛蟲是奇特的微小生物，既不是植物也不是動物，而是介於兩者之間，通過顯微鏡才能看到。雙鞭毛蟲生活在海洋中，每到夜晚時分，數百萬隻雙鞭毛蟲浮到水面，使海洋閃爍出一大片藍色光芒。科學家目前尚未確定這種現象的原因。

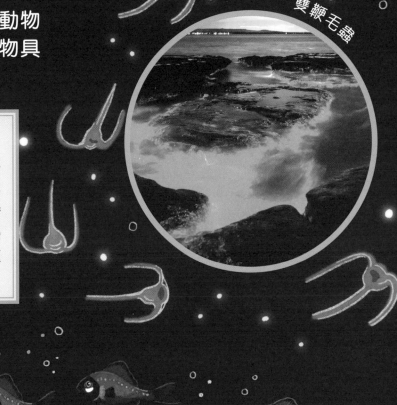

巴氏標燈魚

同步游泳

巴氏標燈魚體形細小，習慣組成龐大魚羣同步游泳和覓食。由於巴氏標燈魚需要透過觀察來調整游泳方向，因此牠們要自行發光，才能在黑暗的海底看清事物。光線由魚眼下的一個囊發出，囊裏面適合發光細菌生長。牠們也可以蓋住囊口讓光變暗。魚羣的行動模式相當複雜，好像擁有自己的思想。

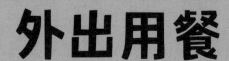

外出用餐

想像一下，你收到生日蛋糕時，會自己吃掉還是和他人分享？一些特別的動物懂得分享食物，確保其他動物也有足夠食物。

尋找花蜜

當飢餓的蜜蜂發現豐富的花蜜時，牠會先飛回蜂巢，告訴其他蜜蜂這片花田的位置。

腹部

蜜蜂

花蜜之舞

蜜蜂會跳「擺尾舞」來指示花蜜的方向。蜜蜂以8字形的舞步轉來轉去，指出花朵的所在位置。

跟隨指示

蜜蜂根據太陽和蜂巢的位置，跳出不同幅度的8字形舞蹈，其他蜜蜂跟隨這個指示尋找花蜜。

蝙蝠對話

吸血蝙蝠非常嗜血，只靠血液當糧食。牠們通常棲息在偏遠地區，例如墨西哥和中南美洲的深洞和樹洞之中。經過研究，我們知道吸血蝙蝠的交流方式相當複雜，蝙蝠之間的關係分為「朋友」和「盟友」。牠們有特殊的呼叫聲來表達不同的情緒，例如「我很寂寞」或「別靠近我」等。

如果巢穴裏有同伴餓了，雌性蝙蝠會將血吐到牠的嘴裏。

吸血蝙蝠

享用晚餐

蝙蝠吃飽後，會使用超聲波呼喚朋友前來享用晚餐。來者通常是同一個巢穴裏的成員！

背脊發涼

夜深人靜時，蝙蝠會離開巢穴覓食。牛是牠們最喜歡的目標之一，牠們會降落在牛身上，利用可感應熱力的鼻子來尋找靜脈，然後用鋒利的牙齒深深刺進皮膚，再大口地吸血。蝙蝠也有可能咬人，但這種情況十分罕見！

講「人話」

如果我們真的能與動物對話，那會是怎樣呢？原來，有些超級聰明的動物已經學會了說話，並懂得理解人類的語言。

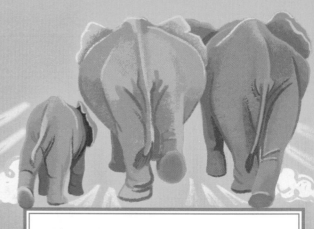

是敵還是友？

一些非洲象已經學會辨認當地獵人的語言。如果大象聽到當地平民閒話家常，牠們會保持安靜；但只要聽到獵人經常使用的用語，大象就會迅速逃離。

大猩猩Koko

非洲象

大猩猩的情緒

低地大猩猩Koko（可可），是當今研究大猩猩溝通的重要例子。她被教導使用手語，每個單詞都用手勢表達。據稱，她能夠用手語表達超過1,000個詞彙，並能理解約2,000個口語詞彙。可可有一位貓朋友，貓去世時，她用手語表達了「哭泣」、「悲傷」和「皺眉」，這與人類失去朋友時的情緒相同。

愛

癢

餓

非洲灰鸚鵡Alex

聰明的男孩！

非洲灰鸚鵡Alex（亞歷斯）不僅懂得模仿人類說話，還能理解當中內容！身為長達30年的科學研究對象，亞歷斯學會使用100個單詞，懂得解決基本數學問題，還能夠識別不同形狀和顏色。另外，牠能夠用「no（不）」來拒絕某物，並用「want（想要）」來要求得到某物。

亞歷斯已離世，牠對照顧者說的最後一句話是：「You be good. I love you.（你真好。我愛你。）」

搜救犬

正在放羊的邊境牧羊犬

超強狗狗

所有狗都是野狼的後裔，與人類一起生活和共事已經25,000年，學會的不僅僅是「坐下」這麼簡單的動作。狗在放羊、搜救、探測和防衞等方面，都發揮重要的作用。研究和腦部掃描顯示，大多數寵物狗理解大約90個人類單字，相當於18個月大的嬰兒，但有些狗知道的單字超過200個！牠們還能讀懂人類的肢體語言和情緒，而最聰明的狗品種是邊境牧羊犬。

互惠互利

動物尋找食物其實很簡單，有時候只需要一個共同的目標和認識「對的人」。

甜言蜜語

大響蜜鴷愛吃蜂巢裏的蜜蠟和幼蟲，但牠們需要有人幫助打開蜂巢。人類雖然喜歡蜂蜜，但未必能夠找到蜂巢。如果兩者攜手合作，雙方都能受益。非洲莫桑比克的人早在數千年前已經開始和鳥類合作尋找蜂蜜。

大響蜜鴷

獵蜜行動

獵蜜取決於團隊合作。獵蜜人會發出指定聲音，讓響蜜鴷知道獵蜜行動開始。獵蜜人會攜帶斧頭來鑿開蜂巢，還會帶備火把驅散蜜蜂。響蜜鴷聞聲而至，一邊發出叫聲，一邊引領獵蜜人到附近的蜂巢。人類會提取蜂蜜，把蜜蠟留給響蜜鴷。

獵蜜人呼喚響蜜鴷開始獵蜜行動。

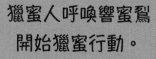

響蜜鴷帶領獵蜜人到附近的蜂巢，然後各取所需。

猴子搗蛋

印尼峇里島的烏魯瓦圖廟是熱門的旅遊勝地，也是一羣長尾獼猴的家園。傳說這些猴子是保護廟宇的戰士靈魂，人們相信牠們帶來幸福。的確，牠們為人類帶來很多「歡樂」。

長尾獼猴

隨着動物不斷學習和適應新環境，跨物種之間的溝通也產生了變化。

交易

長尾獼猴有一個狡猾的把戲！牠們會搶走遊客的手機，歸還之後又很快地將其搶走。除非遊客提供食物作為交換，否則牠們不會物歸原主。獼猴已經學會了偷取高價值的物品，比如太陽眼鏡和錢包，以此換取美食。只要人類理解到牠們的意圖，雙方都會玩得快樂！

中英對照索引

作者簡介

米高．利奇 （Dr. Michael Leach）

小時候的夢想是走訪偏遠的地方，發現不一樣的野生動物，與牠們說話。求學時期他的夢想遭學校生涯規劃老師連番反對，直到成大後成為動物學家和製片人。其後，擔任英國廣播公司攝影師、野生動物攝影師和作家，終於見到自己曾研究過的黑猩猩、獼猴和雪猴，更與一羣山地大猩猩相處得樂也融融！興趣是吃巧克力、冒險和探索新事物。

梅莉爾．蘭德 （Dr. Meriel Lland）

在充滿動物的家庭中長大，兒時玩伴有意外救獲的鵝、時髦的鴿子、常常嘶叫的貓、愛發牢騷的狗和非常聰明的小豬，她更花了大量時間學習「說」雞的語言！身為作家、攝影師和電影詩人，梅莉爾熱衷於保育環境和保護地球。

梅莉爾和米高透過撰寫文章、發表演講、探險遊歷和攝影，分享他們對自然界的驚奇發現。二人共同撰寫了40多本書。

繪者簡介

雅思亞．奧蘭多 （Asia Orlando）

數碼藝術家、插畫家和環保人士，為書籍、雜誌、產品和海報繪圖。其作品着重動物、人類和環境之間的和諧關係。為Our Planet Week的創辦人，旨在透過社交媒體活動，集合插畫家的力量，解決環境問題。

鳴謝

謹向以下單位致謝，感謝他們允許使用照片：

(Key: a-above; b-below/bottom; c-centre; f-far; l-left; r-right; t-top)

6 Alamy Stock Photo: mauritius images GmbH / Gerard Lacz (tl); Thomas Marent / Minden Pictures (cr). Dreamstime.com: Jonathan Oberholster (bc). 7 Alamy Stock Photo: Mark Bowler (cr); Sorin Colac (tl). 8 Alamy Stock Photo: STERKL (tl); Quang Nguyen Vinh (crb). 9 Alamy Stock Photo: Victor Tyakht (tr). Hctor Bottai: (bl). 10-11 Alamy Stock Photo: Robertharding / Christian Kober (t). 12 Alamy Stock Photo: Blickwinkel / F. Hecker. 14 Alamy Stock Photo: Nature Picture Library / Mark MacEwen (r). 15 naturepl.com: Chien Lee (t). 16-17 Alamy Stock Photo: Nature Picture Library / Tony Wu (t). 18 Alamy Stock Photo: Konrad Wothe / Minden Pictures (br). Dreamstime.com: Ruslan Gilmanshin (cla). 19 Alamy Stock Photo: imageBROKER / Herbert Kehrer (cr). Dreamstime.com: Anagram1 (tr). 20-21 naturepl.com: Donald M. Jones (t). 22 Alamy Stock Photo: John Warburton-Lee Photography / Nigel Pavitt (c). 23 Alamy Stock Photo: Jamie Pham (t). 24 Getty Images / iStock: Andrew_Howe (r). 25 Alamy Stock Photo: Robertharding / Michael Nolan (t). 26 Alamy Stock Photo: Blickwinkel / Hauke (b). 27 Alamy Stock Photo: AGAMI Photo Agency / Brian E. Small (c); William Leaman (bl). 28 Alamy Stock Photo: Colin Black (clb); Fabrice Bettex Photography (tl). 29 Alamy Stock Photo: AfriPics.com (cl); Dave Watts (cra). 30 naturepl.com: Suzi Eszterhas (c). 31 naturepl.com: Andy Rouse (c). 32 Alamy Stock Photo: Malcolm Schuyl (c). 33 Dreamstime.com: Andrey Gudkov (ca); Emanuele Leoni (l). 34 Alamy Stock Photo: Nature Picture Library / Ingo Arndt (tl). 35 Judy Gallagher: (tr). T. Komatsu / Japan. Sci Rep 6, 36364 (2016). 36-37 Alamy Stock Photo: Nature Picture Library / Kim Taylor (c). 38 Warren Photographic Limited: (tl). 39 Alamy Stock Photo: Helmut Corneli (cla / ca); Konrad Wothe / Minden Pictures (bl); Donald M. Jones / Minden Pictures (br). 40 Dreamstime.com: Mikalay Varabey (tl). 40-41 Alamy Stock Photo: Danita Delimont Creative / Danita Delimont. 41 Dreamstime.com: Mikalay Varabey (bl). 42 Alamy Stock Photo: Mike Lane (tr); Fred Bavendam / Minden Pictures (cl). 43 Alamy Stock Photo: Dinodia Photos RM (cl). naturepl.com: Ernie Janes (cr). 44 Alamy Stock Photo: Ann and Steve Toon (l). 45 123RF.com: gator (t). 46 Alamy Stock Photo: Robert Hamilton (c). naturepl.com: MYN / Paul Marcellini (tl). 47 Alamy Stock Photo: Nature Picture Library / Alex Hyde (c). 48-49 Alamy Stock Photo: Tom Vezo / Minden Pictures (t). 50 Alamy Stock Photo: Stephen Dalton / Minden Pictures (tl). naturepl.com: Jane Burton (crb). 51 Dreamstime.com: Ondej Prosick (bl). Getty Images: The Image Bank / Enrique Aguirre Aves (cr). 52 Dreamstime.com: Johannes Gerhardus Swanepoel (t). 53 Alamy Stock Photo: Andrew DuBois (b). 54-55 Alamy Stock Photo: Tom Ingram (c). 56 Dreamstime.com: Paul Reeves (b). 57 Alamy Stock Photo: Arya Satya (t). 58 Dreamstime.com: Lucaar (tl). 59 Dreamstime.com: David Head (tl); David Des Rochers (cr); Tupungato (bl). 60-61 Alamy Stock Photo: Szymon Bartosz (t). 61 Alamy Stock Photo: Roy Waller (tc). 62 naturepl.com: Alan Williams (cla). 62-63 naturepl.com: Marie Read (t). 64 Alamy Stock Photo: Avalon.red / Andy Rouse (tr); Nature Picture Library / Ben Cranke (bc). 65 naturepl.com: Krijn Trimbos (br). Julius Simonelli: (tl). 66 Alamy Stock Photo: BIOSPHOTO / Adam Fletcher (clb); Corbin17 (tr). 67 Alamy Stock Photo: Danita Delimont / Adam Jones (br); Leonid Serebrennikov (cla). 68 Dreamstime.com: Julian Schaldach (tr). 68-69 Alamy Stock Photo: imageBROKER / Jrgen Mller. 70 naturepl.com: Ripan Biswas (tr); Solvin Zankl (bl). 71 Getty Images / iStock: RugliG (cra). Science Photo Library: Dante Fenolio (bl). 72 naturepl.com: Ingo Arndt (c). 73 naturepl.com: Barry Mansell (c). 74 Dreamstime.com: Holger Karius (cr). Getty Images: Hearst Newspapers / San Francisco Chronicle / Jerry Telfer (cl). 75 Dreamstime.com: Rouakcz (bl). Getty Images: Mark Wilson / The Boston Globe (tl). 76 Alamy Stock Photo: Dave Keightley (c). 77 Alamy Stock Photo: robertharding / John Alexander (c)

Cover images: Front: Alamy Stock Photo: Juniors Bildarchiv GmbH / Milse, T. tl, Nature Picture Library / Ingo Arndt tr; naturepl.com: Chien Lee bl, David Pattyn br; Back: Alamy Stock Photo: Corbin17 br, Robertharding / Christian Kober tr; Dreamstime.com: Anagram1 bl, Cathy Keifer tl

All other images © Dorling Kindersley
For further information see: www.dkimages.com

作者謹向以下人員致謝：

Our inspiring – and inspired – creative team at DK. A huge drumroll for our editor, James Mitchem and assistant editor, Kieran Jones. Their warmth, wisdom, support, enthusiasm, patience, and vision are pure gold. Humble thanks too to the exceptional design team – Sonny Flynn, Charlotte Milner, Charlotte Jennings, and Bettina Myklebust Stovne. We felt listened to and guided at every step of our collaboration.

And to our illustrator, Asia Orlando – our thanks for bringing these pages alive. The energy of your work is infectious.

Lastly, Meriel sends thank-yous to Peter, Margaret, David, Finn, and Otto. And a "grrrrruff yip" to Betsy-Boo, her super talkative doggo! Boo reads minds, moods, and has at least five sounds and three gestures for "I'd rather like a treat, please". Genius.

DK謹向以下人員致謝：

Caroline Hunt（校對）；Helen Peters（製作索引）；
Laura Barwick（照片搜集）；Sakshi Saluja（圖片支援）
Nehal Verma（圖片支援）